小神童·科普世界系列

揭秘
地球简史

林晓慧 ◎ 编著

浙江摄影出版社

全国百佳图书出版单位

U0350600

地球的诞生

地球，给我们提供了居所，是人类赖以生存的家园。那么，你知道地球是怎么诞生的吗？

让我们把时间拨回到遥远的 46 亿年前……

太阳系中，出现了一颗滚烫的恒星——太阳。

不久，我们熟悉的星球也诞生了，它就是地球。

刚开始，地球可没有现在这么大。附近的小行星撞向地球，并聚集在一起，才让地球越来越大。

地幔

地壳

地核

地球的构造可分为三个圈层。最外面一层是地壳，它就像蛋壳。中间的一层是地幔，它相当于蛋白。最里面的部分是地核，它就好比蛋黄。

原始的海洋

地球诞生之后，开始逐渐发育。地球上会出现什么新事物呢？

在形成初期，地球上到处是火热的岩浆。

地球渐渐变冷，云层有了新变化。看，天空下起了倾盆大雨！

岩浆的上空，是由气体和水分组成的云层。云层真厚啊！它们把阳光都挡住了。

雨不断地汇集到地球表面低洼的地方。于是，江河、湖泊和海洋出现了。那时的海洋被称为"原始海洋"，跟今天的海洋不太一样。

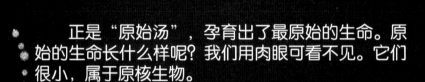

原始海洋的体积比今天的海洋小得多。最初形成的原始海洋并不是"生命的摇篮"，后来，陆地的成分溶解到海水里，形成了"原始汤"。

正是"原始汤"，孕育出了最原始的生命。原始的生命长什么样呢？我们用肉眼可看不见。它们很小，属于原核生物。

古细菌和真细菌，是两种古老的生命体。

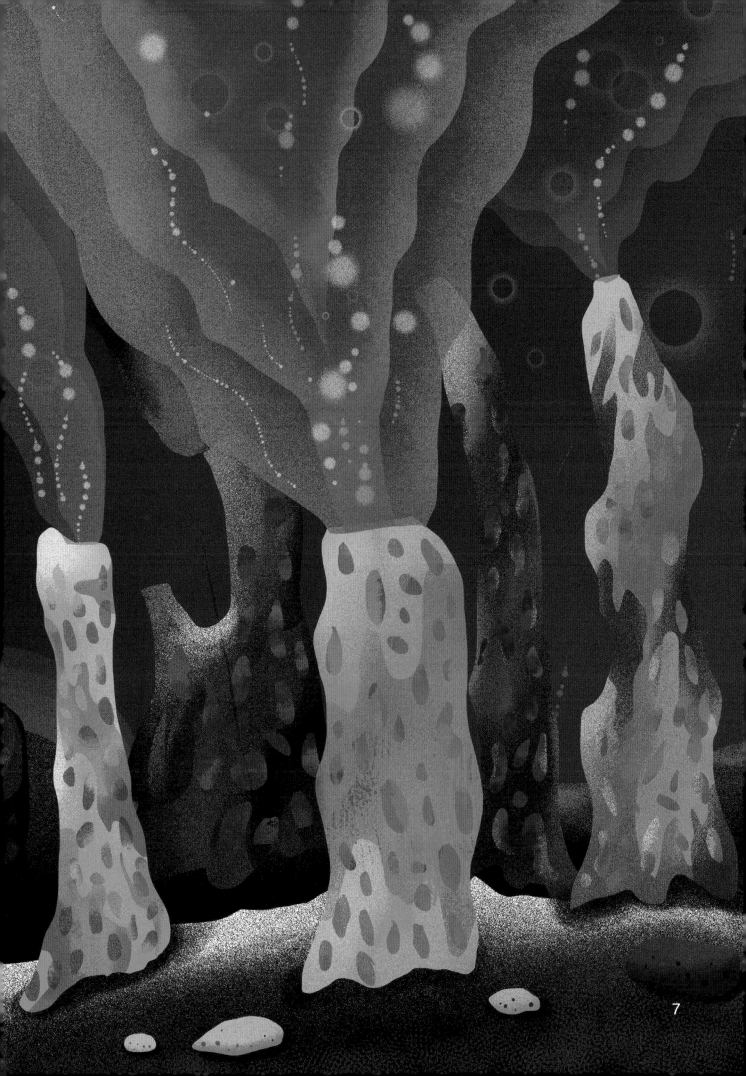

蓝细菌登场

在原始的生命出现之后，又发生了哪些事情呢？

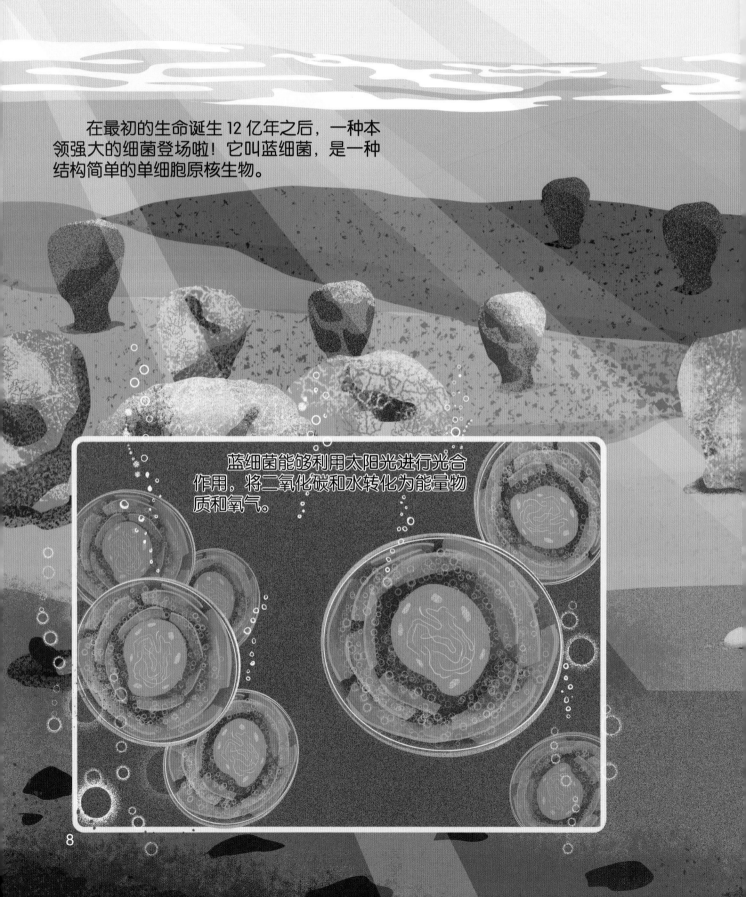

在最初的生命诞生 12 亿年之后，一种本领强大的细菌登场啦！它叫蓝细菌，是一种结构简单的单细胞原核生物。

蓝细菌能够利用太阳光进行光合作用，将二氧化碳和水转化为能量物质和氧气。

随着蓝细菌的繁殖，浅水边聚集了越来越多的蓝细菌。蓝细菌家族壮大了起来！

海水里和大气中的氧气也变得越来越多。随着蓝细菌的活动，有一种层状"岩石"也诞生了，它就是叠层石。

叠层石像是从海底长出来的，既像岩石，也像植物。每一座都是一群活菌，不断吸收阳光，吐出氧气。

9

巨大的 "磁铁"

时间来到了 28 亿至 27 亿年前，地幔忍不住开始运动。这会带来哪些新变化呢？

我们知道，地幔是地壳下的岩层。地幔的下面是地核。地核处于地球的中心，主要由铁元素和镍元素组成。

科学家认为，在地幔和地核的交界位置，液态的外核物质会形成对流，构成一个巨大的"发电机"，而地球磁场就是被其发出的电流激发的。

地球就像一块巨大的"磁铁"，拥有强大的磁场。来自地球之外的宇宙射线能产生高能辐射，对生物有危害！而地球的磁场恰好可以抵御这些高能辐射。

神奇的臭氧层

　　蓝细菌家族的光合作用，让地球充满了氧气。渐渐地，地球的上空笼罩了一层神奇的气体。

　　这些气体由氧元素构成，叫作臭氧。它们笼罩在地球的上空，形成了臭氧层。

　　臭氧层具体在大气层的哪个位置呢？它就在平流层的范围内。

太阳放射出的紫外线，会给地球上的生物造成极大的伤害。臭氧层就像地球的"保护伞"，能够削弱紫外线。只有很少一部分的紫外线能够穿透臭氧层，来到地面。

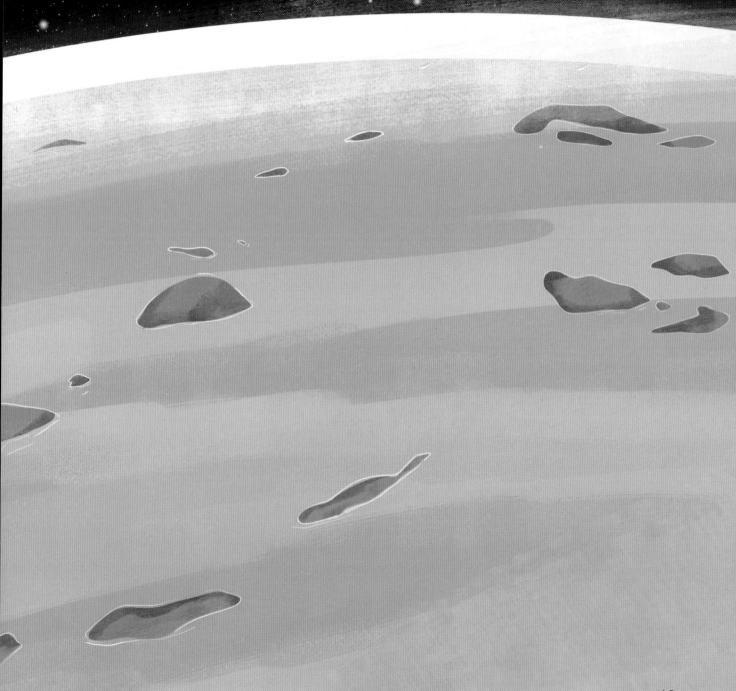

真核生物来了

随着时间的推移，地球上又出现了一类新的生物——真核生物。

真核生物出现的时间，大约在 20 亿年前。真核生物的个子也很小，直径只有 0.01 至 0.1 毫米。

真核生物的细胞结构中，有细胞核。这可是原核生物所不具备的哦！

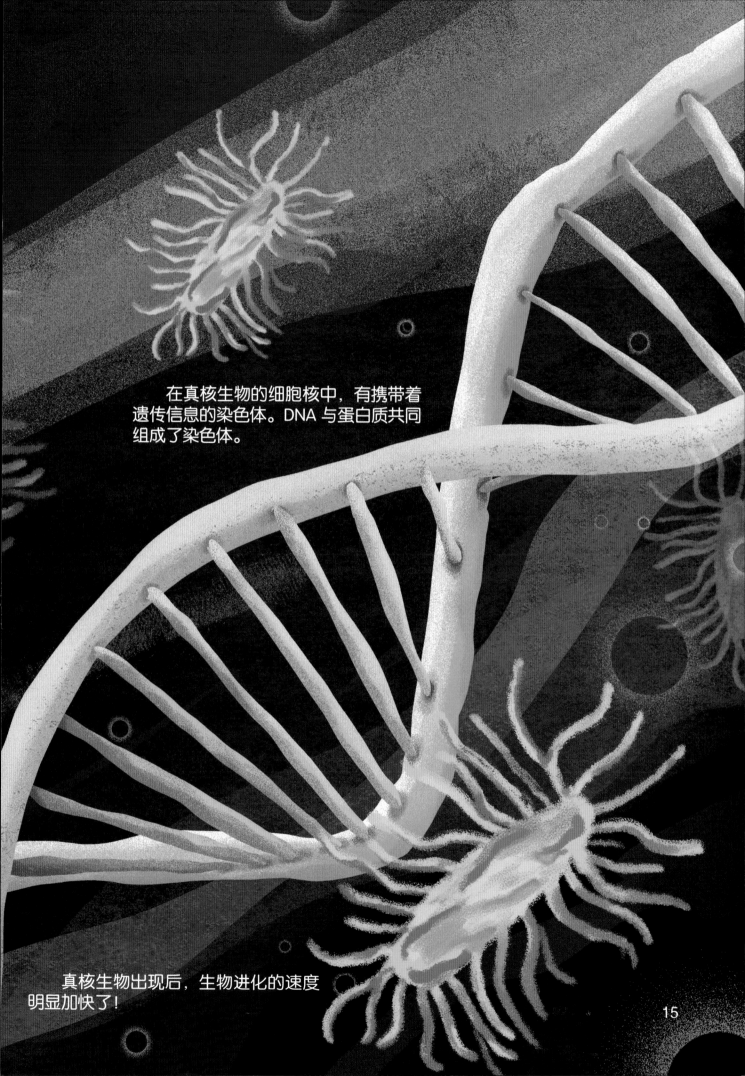

在真核生物的细胞核中，有携带着
遗传信息的染色体。DNA 与蛋白质共同
组成了染色体。

真核生物出现后，生物进化的速度
明显加快了！

15

分裂的板块

地球的陆地，也会随着岁月的变迁而出现变化。

大约在 18 亿年前，地球上的陆地聚合在一起，是一块超大陆。在这之后到 15 亿年前，地球不断发生着剧烈的地质运动，造成大量的火山爆发，向大气层排放了大量的二氧化碳，整个地球到处都是气体和烟雾。

随着地球内核不断释放热量，地壳不断运动，地球上的大陆分分合合。

大约在 10 亿年前，不同的陆地板块又重新聚合，形成另一块超大陆——罗迪尼亚大陆。后来，罗迪尼亚大陆也走向分裂……

大约在 3 亿至 2 亿年前，分裂的板块再次合为一体，形成盘古大陆。

古老的海洋生物

经历了地球板块的迁移，只有持续进化的物种，才能幸存下来。海洋里，开始出现各种各样的生物。

海口鱼大概只有 4 厘米长，长得很小。它拥有一根原始脊椎，进化力度可不小！

奇虾，身长可达 2 米，是凶猛的捕食者。

鱼类是最古老的脊椎动物。而最早的鱼类是无颌类，它们没有下颌，嘴巴像吸盘。

在几亿年前的海洋里，海百合的身影随处可见。它是古老的无脊椎动物，有多条腕足，身体像花朵。

在距今约 5.6 亿年前的寒武纪，三叶虫出现了。它的背甲就像三片叶子，故被称为三叶虫。三叶虫的生命力很强，在地球上生存了 3.2 亿多年呢！

陆地上的生物

后来，陆地上出现了蕨类植物，不少动物也把家安在了陆地上。

随着陆地上植物的增多，大气中的含氧量也变多了。陆地上的环境开始适合有肺的动物生存。

两栖动物，从鱼类进化而来，开始了崭新的生活方式。它们的幼体在水中生活，用鳃呼吸；成年之后在陆地上生活，用肺呼吸。

鱼石螈是两栖动物，它的四肢关节很灵活，可以支撑起身体，让它能够在陆地上行走。

海岸边，这些向上生长的植物就是蕨类植物。
它们拥有可以输送水分的管道。这样一来，没有浸
泡在水里的部分，也可以获得水分。

恐龙大时代

到了中生代，一种新型动物出现了。它们就是大名鼎鼎的恐龙！

庞大的身躯、矫健的四肢、长长的尾巴，恐龙的模样十分奇特。在三叠纪、侏罗纪和白垩纪，恐龙是地球上的霸主！

腕龙，拥有像长颈鹿一样的脖子，能轻松吃到树上的叶子。

三角龙，头上长着大大的头盾和三只角，最长的角有1米，非常壮观。

埃雷拉龙，有好几米长，是敏捷的捕食者。

翼龙，尽管和恐龙生活在同一个时代，但是它却不是恐龙，而是一种会飞行的爬行动物。

战斗力十足的霸王龙，是体形粗壮的肉食性恐龙。

大约在 6500 万年前，恐龙灭绝了。直到今天，恐龙为什么会灭绝仍是一个未解之谜……

23

陆地的王者

恐龙灭绝之后，肉食性的大型哺乳动物逐渐成为陆地上的王者。

哺乳动物身上长有皮毛，能够保持恒定的体温。胎生是哺乳动物的生殖方式。刚出生的幼体靠喝母亲分泌的乳汁长大。

植物世界里，树木变得繁盛，草原也蔓延开来。

你知道现代鲸类的祖先是谁吗？就是身长约 20 米的龙王鲸，这是一种生活在海里的哺乳动物。在不断的演变中，为了适应海洋的环境，鲸类的前肢进化为鳍，后肢退化，并长出了尾鳍。

安氏中兽，一种大型的哺乳类食肉动物，它的身长可以达到 3 米！

人类的祖先

黑猩猩和人类有着共同的祖先，它就是猿人。

猿人分为早期猿人和晚期猿人。

早期猿人大约生活在距今 300 万年至 170 万年之间，是可以用双脚直立行走的直立人。看，他们并没有尾巴哦！他们会将加工过的石头当成工具来使用。

这是约 200 万年至 50 万年前出现的晚期猿人。他们懂得使用火，会用石头做成武器和小刀。

大约在 5 万年前，晚期智人出现了。他们懂得种植植物、饲养动物，还发明了雕刻和绘画。

智人分为早期智人和晚期智人，大约在 30 万年至 5 万年前，早期智人出现。他们会用动物的皮毛缝制衣服呢！

责任编辑　陈　一
文字编辑　谢晓天
责任校对　高余朵
责任印制　汪立峰

项目策划　北视国
装帧设计　北视国

图书在版编目（ＣＩＰ）数据

揭秘地球简史 / 林晓慧编著 . —— 杭州 ： 浙江摄影
出版社，2022.1
　（小神童·科普世界系列）
　ISBN 978-7-5514-3679-3

　Ⅰ．①揭… Ⅱ．①林… Ⅲ．①地球演化－儿童读物
Ⅳ．① P311-49

中国版本图书馆 CIP 数据核字（2021）第 260166 号

JIEMI DIQIU JIANSHI

揭秘地球简史

（小神童·科普世界系列）

林晓慧　编著

全国百佳图书出版单位
浙江摄影出版社出版发行
　　　地址：杭州市体育场路 347 号
　　　邮编：310006
　　　电话：0571-85151082
　　　网址：www.photo.zjcb.com
制版：北京北视国文化传媒有限公司
印刷：唐山富达印务有限公司
开本：889mm×1194mm　1/16
印张：2
2022 年 1 月第 1 版　　2022 年 1 月第 1 次印刷
ISBN 978-7-5514-3679-3
定价：39.80 元